FINISTÈRE

ÉTUDES PRÉHISTORIQUES

MUSÉE DE PENMARCH

INSTITUT FINISTÉRIEN D'ÉTUDES PRÉHISTORIQUES

L'*Institut finistérien d'Etudes préhistoriques* comprend dans son programme:

1° La réunion du plus grand nombre possible de documents précis et détaillés concernant la Préhistoire et la Protohistoire en vue de leur communication aux archéologues contemporains et de leur transmission à leurs successeurs.

2° La conservation, par acquisition ou par classement, en laissant les choses à leur place, dans leur milieu d'origine, quand cela peut se faire sans risque de dégradation ou de disparition, ou en les mettant à l'abri dans son musée de Pemmac'h dans le cas contraire.

Les choses sont reconstituées au musée le plus fidèlement possible.

Une bibliothèque et un laboratoire sont annexés à ce musée.

Le tout étant classé comme monument historique, les collections ne peuvent être aliénées et il est spécifié dans les Statuts de l'Institut que ces collections ne devront en aucun cas quitter la région.

Les programmes des recherches et travaux sont élaborés par une Commission des Recherches qui charge les membres compétents d'effectuer ces recherches et travaux. En vue de la coordination et de la discipline des efforts, tous les travaux de recherches, réparations, transports au musée sont soumis à l'examen de cette Commission.

Il est fait appel au zèle de tous pour signaler à cette Commission toutes les découvertes ou trouvailles et tous les documents concernant la Préhistoire.

Aux personnes ne voulant pas ou ne pouvant pas se dessaisir d'objets ou documents, il est demandé l'autorisation d'en prendre des copies, photographies ou moulages.

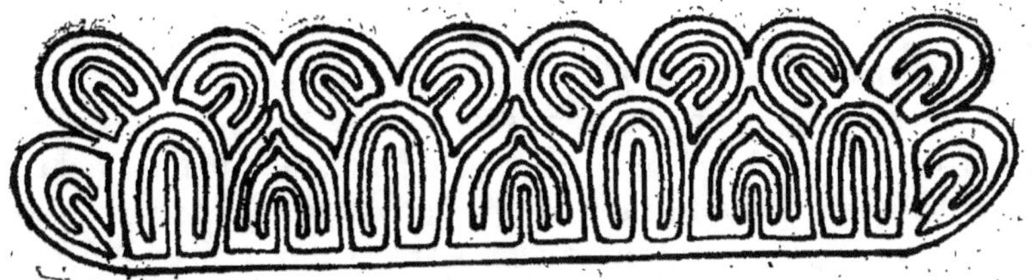

Les gisements d'or, d'étain et de cuivre
du Massif Armoricain et la Préhistoire

par F. KERFORNE

Une question s'est posée souvent devant les nombreux objets d'or et de bronze qui ont été recueillis en Bretagne dans les stations préhistoriques: les hommes de cette époque ont-ils pu trouver sur place les métaux dont ils se sont servis, en particulier l'or, l'étain et le cuivre?

A cette question on doit répondre, à mon avis, par l'affirmative. Ils ont pu certainement les trouver en Bretagne et d'une façon générale dans cette région que les géologues nomment le Massif armoricain, et dont la Bretagne est en quelque sorte le noyau.

Le Massif armoricain constitue une région géologique naturelle qui comprend toute l'ancienne province de Bretagne, une partie de la Normandie, du Maine, de l'Anjou et de la Vendée. Sa limite orientale passe à l'est de Cherbourg, au sud de Bayeux et de Caen, à l'ouest d'Argentan, d'Alençon et du Mans, à l'est d'Angers, un peu au nord de Fontenay-le-Comte.

Il est formé de roches éruptives variées, disposées en massifs, en filons et en coulées, de roches cristallophylliennes, de roches métamorphiques, de roches sédimentaires de l'époque primaire, fortement plissées et recoupées de failles et de cassures multiples. Sa composition géologique et sa structure sont sensiblement les mêmes que celles des pays les plus renommés pour leur richesse minière. Comme on pouvait s'y attendre a priori, les gisements minéralisés y sont nombreux et variés et si les exploitations sont rares, cela tient à des causes extrinsèques, sur lesquelles ce n'est pas le lieu d'insister.

La présence de l'or, de l'étain et du cuivre est connue actuellement dans un grand nombre de localités, que je vais énumérer plus loin; pour le plomb et l'argent, qui ont aussi été employés par les hommes de la période du bronze, leur présence en Bretagne est connue de tout le monde.

Ces gisements ne sont pas tous exploitables à notre époque, mais les conditions d'exploitabilité n'étaient pas les mêmes, à l'époque préhistorique. D'un autre côté, beaucoup de gisements ne sont plus visibles aujourd'hui, justement parce que les affleurements ont été exploités autrefois. Nos listes sont donc incomplètes.

Il faut se représenter le Massif armoricain à l'époque du bronze comme semblable à ces régions étrangères, et situées à la limite de la civilisation, où les prospecteurs pénètrent pour la première fois. Les gisements, encore vierges, montraient leurs affleurements et les alluvions roulaient des paillettes d'or et des grains d'étain. Dans nos pays de vieille civilisation il n'en est plus ainsi et beaucoup de gisements, cachés et inconnus aujourd'hui, ont pu être exploités à une époque où leurs affleurements étaient intacts.

GISEMENTS D'OR

L'or se présente dans la nature à l'état libre et à l'état combiné. Les gisements d'or libre ont été partout les premiers exploités; d'une façon générale, du reste, l'or existe aussi à l'état libre dans les affleurements des gisements où il existe en combinaison, ayant été mis en liberté par l'altération météorique des minéraux complexes qui le contenaient.

On peut signaler dans le Massif armoricain les gisements suivants (Cf. Carte); il y en a certainement bien d'autres.

Le Genest (Mayenne). — L'or libre existe en quantité exploitable dans des filons antimonifères actuellement concédés (Mines de la Lucette). On n'a pas signalé la présence de traces d'exploitations anciennes; mais il n'est pas impossible que sa présence n'ait été visible en surface à une certaine époque, soit sur place, soit dans les alluvions du voisinage. La mine a fourni en quelques années (16 à 17 ans) 16.326.000 fr. d'or vendu.

Saint-Pierre Montlimart (Maine-et-Loire.) — Mine d'or récemment en exploitation. On y voyait autrefois de nombreuses traces d'exploitations anciennes, mais ne remontant probablement pas à une époque aussi reculée que celle du bronze.

Environs de Nantes (Loire-Inférieure). — On a rencontré de petites masses lamelleuses d'or natif dans la granulite de la carrière des Rodières aux environs de Nantes, route de Rennes (Echantillon au Muséum national à Paris).

Piriac (Loire-Inférieure). — L'or existe en paillettes fines dans les sables stannifères de la côte de Penhareng en Piriac.

Beslé (Loire-Inférieure). — L'or existe à l'état libre dans des filons quartzeux sous forme de poudre, de paillettes et de petites pépites. Quelques recherches ont été faites avant la guerre. On y voit des traces d'exploitation ancienne, remontant probablement à l'époque gallo-romaine (1).

Angrie (Loire-Inférieure). — Gisement situé à l'est, et sur le prolongement de celui de Beslé, auquel il est très semblable. On y a fait des recherches avant la guerre.

Rothéneuf (Ille-et-Vilaine). — Au dire d'un bijoutier de Saint-Servan, auquel il aurait été présenté, on aurait trouvé de l'or dans des gallets de quartz de la grève.

Redon (Ille-et-Vilaine) et Saint-Perreux (Morbihan). — Dans des travaux de sondage exécutés en 1903 pour construire un barrage, on a trouvé des paillettes d'or, à la profondeur de 35 m. dans les alluvions de la Vilaine.

On en a trouvé également près de là, dans les sables de St-Perreux, à droite de la ligne du chemin de fer, là où elle s'enfonce dans les côteaux de l'Abbaye.

Rennes (Ille-et-Vilaine). — On a parlé d'un gisement aurifère existant sur la paroisse de Saint-Hélier dans une maison à Mlle de Kéraly. M. Peyrotte, Directeur des Mines de Pontpéan, avait demandé l'autorisation d'y faire des recherches, autorisation qui lui fut refusée.

En tous cas, l'or existe, accompagné de mispickel, dans des

---

(1) F. Kerforne. — Sur la mine d'or de Beslé, Bull. S. G. M. Bretagne, 1921, tome II, p. 177.

filons quartzeux aux buttes de Coesmes près Rennes; les analyses ont donné des teneurs variables: de 0 à 40 grammes (1).

Saint-Aubin du Cormier (Ille-et-Vilaine). — La liste, dite de la Baronne de Beausoleil, signale une mine d'or à St-Aubin-du-Cormier. Des analyses que j'ai fait faire il y a quelques années dans un certain nombre de filons de quartz ont donné des teneurs en or de : 2 gr., 1 gr., 10 gr., 6 gr., 7 gr., et 8 gr. (2).

Martigne-Ferchaud (Ille-et-Vilaine). — A la mine du Sennon, l'antimoine est accompagné d'un peu d'or natif.

La Chapelle Saint-Mélaine (Ille-et-Vilaine). — Ce gisement contient surtout du plomb, du cuivre et du zinc, mais un filon croiseur a donné 8 gr. d'or à la tonne. Les filons aurifères de Beslé doivent se continuer un peu plus au nord que les filons plombifères (3).

Dompierre-du-Chemin (Ille-et-Vilaine). — Les filons minéralisés en wolfram et étain de Montballeux, près de Dompierre, contiennent une petite quantité d'or. Un filon de mispickel au Tertre, en Dompierre, a donné 12 gr. à la tonne, en particulier dans les ruisseaux.

Landéan (Ille-et-Vilaine). — Une concession pour or a été demandée en 1863 à Landéan et communes voisines. Les analyses auraient donné 15 et 20 gr. d'or à la tonne, en particulier dans les ruisseaux.

Mordelles (Ille-et-Vilaine). — En 1863 une concession pour or a également été demandée à Mordelles.

Argentré-du-Plessis (Ille-et-Vilaine). — Des recherches pour or y ont été faites avant la guerre.

Bruz (Ille-et-Vilaine). — Un filon quartzeux, près de la Douettée, aurait donné quelques grammes d'or à la tonne.

Massif de granulite du sud de Josselin (Morbihan). — On a signalé la présence de l'or en même temps que celle de l'étain en plusieurs points de ce massif; en particulier à *La Villedér*

---

(1) F. Kerforne, Bull. Soc. Sc. méd. Ouest, 1903, t. XII, p. 202.

(2) F. Kerforne, Bull. S. G. M. Bretagne, 1920, t. I, p. 86 et 1923, t. IV, p. 47.

(3) F. Kerforne, Bull. S. G. M. Bretagne, 1922, t. III, p. 23.

(échantillon à l'Ecole des Mines de Paris) à *Bilio*, à *Guéhonno* (dans alluvions stannifères), entre Sérent et Mallestroit (id.), etc.

INZINZAC et LANGUIDIC (Morbihan). — On a trouvé à la carrière de Calzat, exploitée pour les routes, une pépite qui fut vendue 200 fr. à un horloger, revendue 1.500 fr. à un autre et finalement cédée à la Monnaie pour 11.500 francs. Plusieurs autres pépites, de moindre valeur auraient été trouvées au même endroit ou dans les environs.

PENESTIN (Morbihan). — Les sables stannifères de Penestin, à l'embouchure de la Vilaine, sont aurifères, 0 gr. 5 au m³ d'après Durocher.

BIEUZY (Morbihan). — D'après M. le Chanoine Le Braz, une mine d'or aurait été exploitée autrefois à Norglée (*an aour gleuz*) en Bieuzy; le Cartulaire de Redon mentionne cette localité de la façon suivante: *quœ dicitur villa auri*.

LOUARGAT (Côtes-du-Nord). — Gisement cité pour or dans la liste de la Baronne de Beausoleil.

TRÉBRY (Côtes-du-Nord). — Un échantillon de quartz avec or natif a été trouvé dans une fontaine sur la route de Collinée à Moncontour, non loin du lieu dit: Chef-d'âne.

DINAN (Côtes-du-Nord). — La liste de la Baronne de Beausoleil porte: près Dinan, à la montagne de l'hôpital, mine d'or contenant beaucoup de cristaux.

TRESSIGNAUX (Côtes-du-Nord). — Un échantillon de quartz aurifère fut trouvé en 1816 dans un champ de cette commune; il fut vendu 942 fr. à un orfèvre de Saint-Brieuc et on en retira 16 onces 1/2 d'or pur; l'échantillon entier pesait environ 20 onces.

PLOUGRAS (Côtes-du-Nord). — A Kéradennec, près de Plougras, M. de Brun a trouvé un gisement de mispickel aurifère; certaines analyses ont donné de 20 à 40 gr. à la tonne, d'autres rien. Il contiendrait aussi de l'or natif.

PLANCOET (Côtes-du-Nord). — Des fermiers au nord de Plancoët avaient autrefois comme redevance d'extraire à la batée chaque année une certaine quantité d'or des ruisseaux.

LANMEUR (Finistère). — La liste de la Baronne de Beausoleil, cite une mine d'or au château de Boiséon, paroisse de Lanmeur.

LANDERNEAU (Finistère). — M. l'abbé Saluden, ancien élève du Laboratoire de géologie de la Faculté de Rennes, a recueilli, sur un tas de pierres destiné à l'empierrement des routes et d'origine locale, un échantillon de quartz avec or natif.

DOUARNENEZ (Finistère). — La liste de la Baronne de Beausoleil et le manuscrit du Président de Robien signalant au Ry, (proche Douarnenez sur le bord de la mer, une riche mine qui contient plusieurs rameaux d'or, argent et cuivre.

En 1506 la Chancellerie de Bretagne adressait à ce sujet, mandement à Me Jehan Gibon, Auditeur à la Chambre des Comptes, de se transporter ès-parties de Kemper-Corentin où l'on dit y avoir myne d'or, pour dessentir la vérité afin d'en avertir le Roy et la Reyne.

Il est fait mention de ces mines aux mêmes registres de la Chancellerie en 1509 et 1519.

L'étang du Moulin de Névet, à peu de distance, recouvrirait, d'après la tradition, une mine d'or.

MORLAIX (Finistère). — Il y aurait de l'or en plusieurs localités aux environs de Morlaix, en particulier au Merdy, à Kerviligen, à Plounérin, etc.

Le 1er décembre 1434, le duc Jean V accorde à Jean de Penhoët le droit d'ouvrir mines sur ses terres. Ces terres s'étendaient autour du château de Penhoët sur les paroisses de Saint-Thégonnec, Plouénan et Taulé. Le gisement est cité aussi par la Baronne de Beausoleil.

LOCRONAN (Finistère). — Riche mine argent; contient beaucoup d'or (Baronne de Beausoleil).

QUIMPER (Finistère). — Des paillettes d'or auraient été trouvées dans l'Odet au Stang-Ala.

PLOUGASTEL (Finistère). — Mine d'or citée par la Baronne de Beausoleil.

ILE D'OUESSANT (Finistère). — L'or natif existe dans quartz à l'île d'Ouessant; un très bel échantillon en provenant se trouve dans les Coll. du Musée de l'Hôpital Maritime de Brest (1).

(1) F. Kerforne, Présence de l'or natif à l'île d'Ouessant, Bull. S. G. M. Bretagne, 1924, tome V, p. 50.

GISEMENTS D'ETAIN

L'étain se trouve dans la nature sous forme de Cassitérite (Oxyde d'étain) et est associé aux granites mica blanc; cette variété de granite abonde dans le Massif armoricain. Les gisements de Cassitérite connus (Carte) sont nombreux; il y en a certainement bien d'autres.

La Cassitérite, étant très réfractaire à l'altération et ayant une densité considérable (7,5), se trouve non seulement dans les filons quartzeux dans et au voisinage des granites à mica blanc, mais encore dans les alluvions des vallées voisines où il se produit généralement une concentration mécanique naturelle.

Il n'est pas douteux que les hommes de la période du bronze ont pu trouver dans le pays les minerais d'étain dont ils avaient besoin.

Beauconzé et Saint-Jean de Linières (Maine-et-Loire). — La présence de minerai d'étain (cassitérite) dans du quartz a été signalée à la Hutte près de Beauconzé par M. l'abbé Jonitteau en 1892.

Environs de Nantes (Loire-Inférieure). — Aux environs de Nantes on a trouvé un certain nombre de gisements d'étain, en particulier dans les pegmatites des carrières d'Orvault, dans une leptinite à l'ouest de Doulon, dans la même roche au-dessus du gué Moreau (rue François Bruneau).

Abbaretz et Nozay (Loire-Inférieure). — L'étain existe en quantité notable dans des filons de quartz dirigés sensiblement E.-O. et s'étendant de Nozay à Abbaretz. Ils ont été exploités très anciennement, au moins à l'époque gallo-romaine. Les déblais des anciennes exploitations s'alignent dans le sens des filons et sont accompagnés de sorte de retranchements, destinés sans doute à protéger les stocks de minerai et qui sont connus sous le nom de *Mardelles gauloises*. Des recherches nouvelles faites quelques années avant la guerre ont eu pour résultat l'obtention d'une concession.

Piriac (Loire-inférieure). — La Cassitérite existe à Piriac à l'état de gîte filonien et à l'état de gîte secondaire (sables stannifères), résultant de l'altération superficielle des filons. Des travaux importants ont été faits dans cette localité pendant le cours du XIXe siécle (1).

PENESTIN (Morbihan). — Il s'agit d'alluvions stannifères qui se trouvent sur la plage sur plus de 1.500 m de long. 500 m. de large à mer basse et environ 1 m. d'épaisseur. Le sable contiendrait, à la tonne :

Cassitérite	5 kgr.
Magnétite	2 kgr.
Fer titané ....,	1 kgr. 300
Grenats, rubis, spinelles ..	237 kgr.
Or	1 à 2 gr.

D'après Durocher la teneur du sable serait de 10 à 15 kg. de cassitérite par m³.

A Tréhignier, tout près de là, existent des filons quartzeux avec cassitérite.

BÉGANNE (Morbihan). — De menus fragments de Cassitérite, associés à un peu de gangue quartzeuse, ont été recueillis à la Butte de la Noë.

QUESTEMBERT (Morbihan). — Des filons quartzeux avec cassitérite existent au sud de Questembert, en particulier au lieu dit lande de Bobertho. On n'y a fait de nos jours que quelques travaux de recherche insignifiants.

MASSIF DE GRANITE A MICA BLANC DU SUD DE JOSSELIN (Morbihan). — Ce massif situé entre la vallée de l'Oust et celle de la Claye est riche en gisements d'étain, tant en filons quartzeux (gîtes primaires) qu'en sables stannifères (gîtes secondaires dans les alluvions des vallées). Les principaux gisements filoniens sont à la Villeder, Plinet, Maupas, le Lédo, Pourmabon, la Ville-an-Lan, Sérent. Des travaux importants ont été faits à la Villeder et à Maupas et les gisements ont été concédés en 1856. Pendant les recherches et l'exploitation on a reconnu l'existence de premiers travaux très anciens.

Les alluvions stannifères sont dans les vallées qui découpent le massif, en particulier dans la vallée des Haies, entre Sérent et Malestroit, à Kervallon, près de Billio, près de Lizio, etc.

(1) Y. Dejoie. L'étain dans l'histoire générale et particulièrement dans l'histoire de Bretagne. Bull. S. G. M. Bretagne, 1921, t. II, pp. 484-505.

Montbelleux près Fougères (Ille-et-Vilaine). — La cassitérite accompagne le wolfram et est surtout abondante dans le N. E. de la concession (Concession instituée en 1905). Il y existe des traces d'exploitations très anciennes.

Plancoet (Côtes-du-Nord). — Le minerai d'étain existe dans des filons quartzeux sur le revers sud de la butte de Brandefer près Plancoët, voisinant avec des restes d'occupation romaine.

Jugon (Côtes-du-Nord). — En 1830 on a reconnu l'existence de minerai d'étain aux environs de Jugon.

Corlay (Côtes-du-Nord). — On a trouvé en 1852 des sables stannifères dans les cantons de Gouarec et de Corlay.

Paimpol (Côtes-du-Nord). — Le Maout a trouvé des parcelles de cassitérite près de Paimpol en 1383.

Lannion (Côtes-du-Nord). — Une note manuscrite de M. Sacher, ancien préparateur de géologie à la Faculté des Sciences de Rennes, indique la présence de l'étain aux environs de Lannion.

Barnenez en Plouézoc'h (Finistère). — Des filons quartzeux avec cassitérite y ont été signalés par le Docteur Le Hir de Morlaix.

Carantec (Finistère). — Gisement trouvé également par le Docteur Le Hir.

Plouvorn (Finistère). — La cassitérite a été rencontrée dans une carrière exploitée pour les routes à Tréméal.

Le Folgoat (Finistère). — La cassitérite y a été reconnue en 1906, accompagnée de quartz, près la Chapelle-Jésus, par M. L. Collin.

Sizun (Finistère). — Des recherches ont été faites dans les sables de la rivière *Le Stein* qui passe à Sizun et y ont montré l'existence du wolfram. Le wolfram accompagne si généralement l'étain que l'on doit penser, malgré l'insuccès des petites recherches qui ont été faites, que l'étain existe (ou a existé) en réalité dans ces sables, comme le nom celtique de la rivière semble l'indiquer.

Quimper (Finistère). — La liste des gisements minéralisés de Bretagne, dite liste de la Baronne de Beausoleil, indique de l'étain à Quimper chez un M. Dulo. Le gisement n'a pas été retrouvé.

GISEMENTS DE CUIVRE

Les gisements de cuivre du Massif armoricain ne paraissent pas jusqu'à présent très intéressants au point de vue d'une exploitation moderne; quelques-uns d'entre eux cependant mériteraient d'être prospectés sérieusement. La liste suivante (Cf. Carte) donne la plupart des gisements connus, quel que soit le peu de chance d'exploitabilité qu'ils présentent aujourd'hui. Un certain nombre de gisements dont les affleurements auraient été exploités atérieurement, et que, par suite on ne connaît plus aujourd'hui, devraient sans doute venir s'y ajouter. Leur nombre montre en tous cas que le cuivre existe dans le pays et qu'il n'y a aucune impossibilité à admettre que les hommes de la période du bronze ont pu en trouver suffisamment pour leurs besoins. Dans un certain nombre de localités il est associé au plomb, à l'argent et au zinc.

Vains (Manche). — D'après Bonissent, il s'y trouverait de petites mouches cuivreuses dans une gangue quartzeuse.

Bricquebec (Manche). — Gisement de cuivre signalé par Cailliaux. Il s'agit peut-être du gisement de Surtainville qui contient cuivre, plomb et zinc.

Coutances (Manche). — On lit dans le Journal des Mines, t. II (n° 7), p. 25 et suivantes: Près de Coutances, dans le chemin qui conduit du pont de Saoul au moulin Gruau, on observe un filon de quartz perpendiculaire qui recèle quelques grains de pyrite martiale et même de pyrite cuivreuse.

Granville (Manche). — Au sud de Granville d'innombrables petits filonnets de quartz percent la falaise et sont minéralisés en cuivre, plomb et zinc.

Le Menildot près La Chapelle-en-Juger (Manche). — D'après le Journal des Mines (loc. cit.) le cuivre accompagne le mercure dans les filons de Menildot.

Ouville (Manche). — Pyrite de cuivre d'après le Journal des Mines (loc. cit.).

La Meauffe (Manche). — Cuivre avec plomb et antimoine dans un filon de quartz traversant le calcaire de La Meauffe (Demande de concession en 1854).

La Chapelle Anthenaise (Mayenne). — Herrenschmidt y a si-
la présence de pyrite de cuivre dans quartz.

Renazé (Mayenne). — Un peu au nord de Renazé un filon de
quartz contient cuivre, plomb et zinc.

Chalonnes (Maine-et-Loire). — Millet a signalé la présence
du carbonate de cuivre près du château de Chalonnes.

Martigné-Briand (Maine-et-Loire). — Même citation de Millet.

St-Pierre Montlimart (Maine-et-Loire). — Pyrite de cuivre
signalée par Millet au rocher de Bralle.

Ingrandes (Maine-et-Loire). — Carbonate de cuivre signalé
par Millet.

Bourguenais (Loire-Inférieure). — Pyrite et carbonates de
cuivre signalés par Baret à Port-Lavigne près Bourguenais.

Vay (Loire-Inférieure). — Des filonnets de quartz avec pyrite de cuivre recoupent des grès exploités pour ballast à la Dri-
outerie.

Le Pellerin (Loire-Inférieure). — Carbonate de cuivre à la
Ville-en-Vay, d'après Baret.

Nantes (Loire-Inférieure). — Pyrite de cuivre au cours Saint-
André, au Jardin des plantes, à Pont-du-Cens, à Borbin, à Miséri,
à Haute-Indre.

La Guerche (Ille-et-Vilaine). — Lehesconte y a trouvé du carbonate de cuivre.

Vieuxvy (Ille-et-Vilaine). — A la concession de la Touche en
Vieuxvy, le cuivre accompagne le plomb et le zinc en petite quantité.

Montbelleux (Ille-et-Vilaine). — Le cuivre accompagne le
wolfram et l'étain dans la concession de Montbelleux. Il est même
abondant dans la partie S.-O de la concession (Villeroy en Parcé)
où il n'a été fait que des recherches insignifiantes.

Bourg-des-Comptes (Ille-et-Vilaine). — Le cuivre a été rencontré, avec plomb et zinc, dans un filon de quartz à la Corbi-
nière.

Romazy (Ille-et-Vilaine). — Un gisement de cuivre (Pyrite
et carbonate) a été découvert vers 1834 à la Mève-Coivon. Quelques petites recherches y ont été faites.

Saint-Aubin d'Aubigné (Ille-et-Vilaine). — Minerai de cuivre
accompagné de minerai de plomb et de zinc au Rocher Moriaux.

Saint-Hilaire des Landes (Ille-et-Vilaine). — Filon quartzeux avec pyrites de cuivre à 4 ou 500 m. du bourg, sur la route de Baillé.

Saint-Briac (Ille-et-Vilaine). — Recherches de cuivre en 1828.

Martigne-Ferchaud (Ille-et-Vilaine). — La pyrite de cuivre en petite quantité accompagne l'antimoine et l'or dans la concession du Semnon.

La Chapelle Saint Melaine (Ille-et-Vilaine). — Pyrite de cuivre assez abondante accompagne les minerais de plomb et du zinc. Recherches avant la guerre.

Saint-Grégoire (Ille-et-Vilaine). — Pyrite de cuivre trouvée dans un galet de quartz de la base du Miocène. Ces galets ont certainement une origine peu éloignée.

Paimpont (Ille-et-Vilaine). — Le cuivre y est signalé par le Président de Robien (1736).

Landaul (Morbihan). — Filon de quartz avec pyrites et carbonates de cuivre près de Kerhilias.

Malestroit (Morbihan). — Gisement de cuivre signalé par la Baronne de Beausoleil et le Président de Robien.

Lanouée (Morbihan). — On aurait trouvé de la pyrite de cuivre en creusant le canal reliant les forges de Lanouée au canal de Nantes à Brest, au lieu dit Durbeuf. Il paraît qu'on aurait abandonné en ce point l'exploitation d'un gisement de fer parce qu'il contenait trop de cuivre.

Ile de Groix (Morbihan). — Cuivre signalé à Saint-Tudy (Cailliaux).

Belle-Isle (Morbihan). — La pyrite de cuivre a été signalée à Bangor et au Palais.

Saint-Avé (Morbihan). — Le gros filon de quartz exploité près de Saint-Avé (Beauregard) contient du carbonate de cuivre (1).

Le Hinglé (Côtes-du-Nord). — Pyrites de cuivre (Chalcopyrite et Erubescite) dans le granite (2).

(1) F. Kerforne, Filon de Saint-Avé, Bull. S. G. M. Bretagne, 1923, t. IV, p. 50.

(2) F. Kerforne, Sur la présence de Pyrrhotite, de Molybdérite, de Chalcopyrite et d'Erubescite dans le granite du Hinglé, Bull. S. G. M. Bretagne, 1923, t. IV, p. 28).

Runan (Côtes-du-Nord). — Pyrites cuivreuses d'après Le Maout.

Plénée-Jugon (Côtes-du-Nord). — D'après les Archives départementales des Côtes-du-Nord on aurait trouvé du cuivre natif au lieu dit le Cruchon, près la lande de Bandely, en extrayant des pierres pour les chemins vicinaux.

Carnoet (Quénécan) (Côtes-du-Nord). — Gisement de cuivre où il a été fait des recherches et une petite exploitation par la Société de Poullaouen de 1698 à 1789.

Bourgbriac (Côtes-du-Nord). — Cuivre signalé par la Baronne de Beausoleil; le Président de Robien ajoute: dans un bois de M. le Marquis de Rivière.

Tréduder (Côtes-du-Nord). — Très bonne et riche mine de cuivre, plomb et argent (liste de la Baronne de Beausoleil).

Lanvéllec (Côtes-du-Nord). — Gisement de cuivre proche Rolambaut (sans doute Rosambo), (Prés. de Robien).

Plestin (Côtes-du-Nord). — Pyrite de cuivre (Covellite) en mouches dans les grés (1).

Plusquellec (Côtes-du-Nord). — Des recherches y auraient été faites pour cuivre à l'état de pyrite.

Trémuson (Côtes-du-Nord). — Les gisements de plomb argentifère et de zinc de Trémuson, et communes voisines, contiennent du cuivre en quantité notable (2).

Morlaix (Finistère). — Un échantillon de quartz avec carbonate de cuivre (Malachite) des coll. de la Faculté des Sciences de Rennes est étiqueté: Morlaix.

Crozon (Finistère). — Un gros filon de quartz situé près de Rosan, sur les bords de la baie de Douarnenez, contient du cuivre: carbonate et oxyde (échantillon Coll. Fac. des Sciences de Rennes). Le gisement est signalé par la Baronne de Beausoleil et le Président de Robien.

Douarnenez (Finistère). — Le cuivre est cité avec l'or et l'argent au Ry (Baronne de Beausoleil et Président de Robien).

---

(1) F.-J. Kerforne, Deux nouveaux gisements minéralisés dans les Côtes-du-Nord, Bull. S. G. M. Bretagne, 1920, tome I, page 250.

(2) Machavoine, Etude des filons de la concession de Trémuson, Bull. S. G. M. Bretagne, 1922, tome III, p. 132.

QUIMPER (Finistère). — Gisement cité au moulin de Ver? par la Baronne de Beausoleil et le Président de Robien.

HUÉLGOAT (Finistère). — Le cuivre accompagne le plomb et le zinc dans la mine.

PENZÉ (Finistère). — Pyrite de cuivre en petite quantité dans un filon quartzeux près du viaduc.

HANVEC (Finistère). — Le cuivre a été signalé, accompagnant le plomb, à Roudouhir.

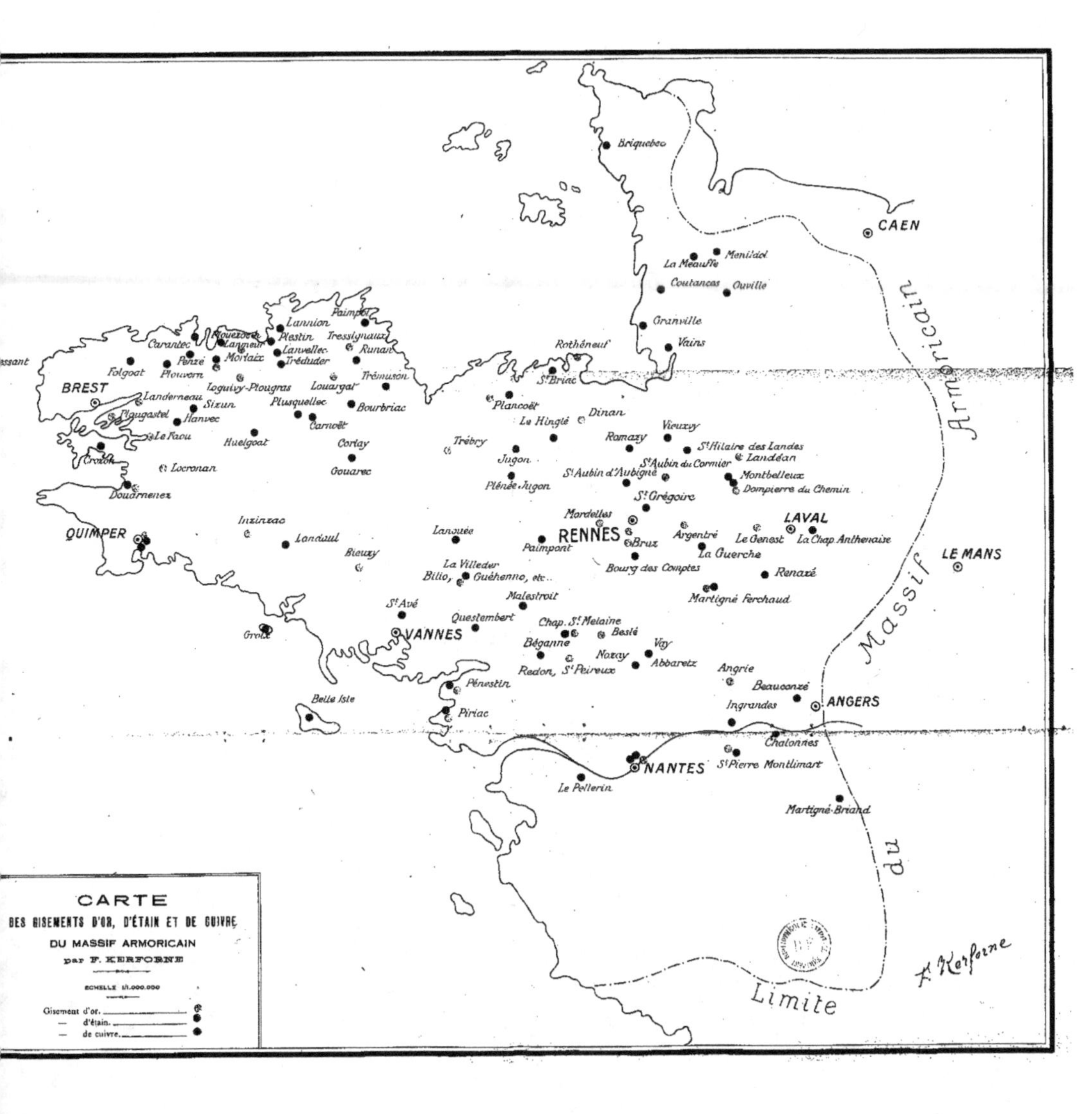

Briquebec
CAEN
La Meauffe
Menildot
Coutances
Ouville
Granville
Vains
Rothéneuf
St Briac
Plancoët
Dinan
La Hinglé
Paimpol
Lannion
Tressignaux
Plestin
Lanvellec
Runan
Tréduder
Trémuson
Kouezoch
Langueur
Carantec
Morlaix
Penzé
Plouven
Folgoat
Plougras
Loguivy-Plougras
Louargat
Landerneau
Sizun
Plusquellec
Bourbriac
BREST
Plougastel
Hanvec
Carnoët
Le Faou
Huelgoat
Corlay
Croloh
Locronan
Gouarec
Douarnenez
Trébry
Jugon
Romazy
Vieuxvy
St Hilaire des Landes
Landéan
St Aubin du Cormier
Montbelleux
St Aubin d'Aubigné
Plénée-Jugon
Dompierre du Chemin
St Grégoire
Mordelles
LAVAL
Inzinzac
RENNES
Argentré
Le Genest
La Chap Anthenaise
QUIMPER
Landaul
Paimpont
Bruz
La Guerche
LE MANS
Bieuzy
Lansuée
Bourg des Comptes
Renazé
La Villeder
Bilio, Guéhenno, etc..
Malestroit
Martigné Ferchaud
St Avé
Questembert
Chap. St Melaine
Beslé
Vay
VANNES
Bégganne
Noxay
Abbaretz
Angrie
Groix
Redon, St Peireux
Beauconzé
Pénestin
Ingrandes
ANGERS
Belle Isle
Piriac
Chalonnes
NANTES
St Pierre Montlimart
Le Pellerin
Martigné-Briand
Massif Armoricain
Massif du
Limite du
F. Kerforne

PUBLICATIONS ANTÉRIEURES

Importance archéologique de la région de la presqu'île de la Torche Penmarc'h (Finistère).
par MM. le Commandant BÉNARD-LE PONTOIS, l'abbé FAVRET, BOISSELIER, B^in et Mém. de la Soc. archéol. du Finistère - 1919.

2ᵉ campagne de fouilles dans la région de la Torche et des îles Glénans
par MM. le C^t BÉNARD-LE PONTOIS, l'abbé FAVRET, BOISSELIER, Th. MONOD.
B^in et Mém. de la Soc. archéol. du Finistère - 1921.

3ᵉ campagne de fouilles en pays bigouden
par MM. le C^t BÉNARD-LE PONTOIS, l'abbé FAVRET, BOISSELIER, G. MONOT.
B^in et Mém. de la Soc. archéol. du Finistère - 1922.

4ᵉ campagne de fouilles préhistoriques dans le Finistère
par MM. le C^t BÉNARD-LE PONTOIS, l'abbé FAVRET, MONOT.
B^in et Mém. de la Soc. archéol. du Finistère - 1923.

Les deux nécropoles de St Urnel et de Roz-an-Tremen en Plomeur (Finistère)
par MM. l'abbé FAVRET et le Commandant BÉNARD-LE PONTOIS.
Revue anthropologique, mars-avril 1923.

Groupe finistérien d'Études préhistoriques (Musée de Penmarc'h) - Bulletin et Mémoires, n° 1, novembre 1923.

Inauguration du Musée de Penmarc'h.

Communication du G^l DEVOIR sur la Préhistoire de Bretagne, son passé, son avenir.

Tirages à part en vente au Musée de Penmarc'h

C^t BÉNARD-LE PONTOIS, Général DIZOT, abbé FAVRET. — *Les nécropoles du Finistère.*

KERFORNE. — *Les gisements d'or, d'étain et de cuivre du massif armoricain et la Préhistoire (avec une carte en couleurs hors texte).*

Des tirages à part de la plupart des travaux du G^l DEVOIR sont également en vente au Musée de Penmarc'h.

Les auteurs restent entièrement responsables de leurs articles.

www.ingramcontent.com/pod-product-compliance
Lightning Source LLC
LaVergne TN
LVHW021602170726
843501LV00010B/3841